## 글 곽영미

제주도에서 태어나 성균관대학교 박사 과정(아동 문학·미디어 교육)을 졸업했습니다.
특수학교에서 아이들을 가르치고, 그림책 강연을 하고 있습니다. 반려견 미소와 함께 산책하기와
그림책 읽기를 좋아합니다. 글을 쓴 책으로 《조선의 왕자는 무얼 공부했을까》, 《코끼리 서커스》, 《스스로 가족》,
《어마어마한 여덟 살의 비밀》, 《두 섬 이야기》 등이 있으며, 쓰고 그린 책에는 《팥죽 할멈과 팥빙수》가 있습니다.

## 그림 송은선

청강문화산업대학교 만화창작과를 졸업했습니다.
졸업 이후 모바일 캐릭터 작업과 동화 플래시 애니메이션, 영어 교재 일러스트, 동양풍 타로 카드 등
여러 작업을 했습니다. 교육부에서 제작한 동화책 《친구야, 네가 아프면 나도 아파!》의 그림도 그렸습니다.
자연과 동물을 좋아합니다. 앞으로 꿈이 있는 그림을 그리고 싶습니다.

# 자연이 가득한 계절 밥상

© 곽영미, 송은선, 2017

**발행일** 초판 1쇄 2017년 6월 19일
　　　　 2쇄 2020년 12월 2일

**글** 곽영미
**그림** 송은선
**펴낸이** 김경미
**편집** 김유민
**디자인** 이진미
**펴낸곳** 숨쉬는책공장
**등록번호** 제2018-000085호
**주소** 서울시 은평구 갈현로25길 5-10 A동 201호(03324)
**전화** 070-8833-3170 **팩스** 02-3144-3109
**전자우편** sumbook2014@gmail.com

ISBN 979-11-86452-22-6 / 979-11-952560-0-6(세트) 04400

잘못된 책은 구입한 서점에서 바꿔 드립니다.
이 도서의 국립중앙도서관 출판예정도서목록(CIP)은 서지정보유통지원시스템 홈페이지(http://seoji.nl.go.kr)와
국가자료공동목록시스템(http://www.nl.go.kr/kolisnet)에서 이용하실 수 있습니다. (CIP제어번호 : CIP2017013142)

✱ 이 책의 내용 가운데 일부는 인디언이 쓰는 달의 이름들을 가져와 사용했습니다.

숨쉬는책공장 과학안이 시리즈는 우리를 둘러싼 자연환경을 멀리 그리고 가까이 살펴봄으로써,
자연을 사랑하는 마음을 기르고 창의력을 키우도록 돕는 그램책 시리즈입니다.

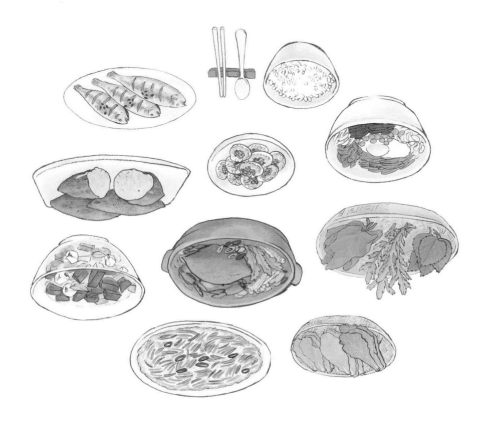

글 권옥희 · 그림 윤승원

산골밥이 가득한 정겨운 밥상

# 1 월

겨울 *

아침에 일어나 보니 산, 집, 나무, 자동차 모두
머리부터 발끝까지 하얀 옷을 뒤집어썼다.
어젯밤 조용히 지퍼, 단추가 없는 옷으로
모두 똑같이 갈아입었다.

기다란 무 배를 갈라 보니
구멍이 숭숭
크고 작은 구멍들이 가득하다.
바람이 들어서 그렇단다.
겨울바람이 무 속에 들어가
크고 작은 집 지었다.

## 1월 계절 밥상

파를 송송 썰어 넣은 시원한 뭇국,
파릇파릇 시금치와 양상추무침,
뜨끈뜨끈한 고구마와 시원한 동치미,
달콤한 귤과 곶감까지
춥지만 먹을거리가 가득한 겨울.

겨울(일월)은
세찬 바람이 부는 달,
얼음이 얼어 반짝이는 달,
동물들의 살이 빠지는 달.

시금치

추운 겨울, 물자라, 물방개, 장구애비 등이
연못 바닥, 돌 밑, 나뭇잎 속에서 잠잔다.
우리가 아무리 시끄럽게 떠들어도
꼼짝 않고 잘도 잔다.

검정물방개

장구애비

버들치

어름치

갈겨니

잉어

산천어

# 2 월

겨울 *

숲을 가만히 들여다보니
봄, 여름에 보이지 않던 수많은 길이 보인다.
다람쥐, 청설모 다니던 좁디좁은 길도
고라니, 멧돼지 오르내리던 비탈길도
하얀 눈길 위로 또렷이 드러난다.

고라니

참새

오소리

엄마가 연근조림을 만들려고
연근을 다듬고 있다.
하얀 연근이 언제쯤 달달하고
쫀득한 갈색빛으로 변할까?

## 2월 계절 밥상

짭조름한 우엉조림과 연근조림,
향이 가득한 더덕구이.
동글동글 꼬막이며, 바지락까지.
못생겼지만 맛있는 아귀,
살이 가득한 삼치,
도미까지 맛 좋은 생선들이 가득!

겨울(이월)은
너구리의 달,
오랫동안 메마른 달,
새순이 돋는 달,
강에 얼음이 풀리는 달.

까치

2월 바다에는 생선이 없다고?
무슨 말씀!
빨간 생선 삼총사인 적어, 눈볼대,
금눈돔이 있어.
아가미 쪽 지느러미가 긴 것이 눈볼대,
짧은 것이 적어,
눈 색깔이 금색인 것이 금눈돔!
나도! 나도! 도미도 끼워 달라고,
빨간 생선 사총사.

시금치

금눈돔

눈볼대

도미

삼치

적어

털가지파래

다시마

아구

바지락

꼬막

굴

가자미

납작파래

# **3**월

봄

똑, 또오똑, 똑똑~!
봄비가 내린다.
풀이, 나무가, 연못이 물을 먹는다.
풀에, 나무에, 연못에 물이 차오른다.

여우

멧돼지

씀바귀

파릇파릇한 미나리 부침개에 침이 꼴깍.
하지만 뜨거워서 바로 먹을 수가 없어,
후후 불며 한입 베어 물었다.
앗, 뜨거워! 눈물이 쏙.
뜨거워도 맛있는 미나리 부침개.

너구리

## 3월 계절 밥상

향긋한 미나리 부침개와 냉잇국,
새콤달콤 봄동, 달래무침,
영양 가득한 쑥으로는
쑥국, 쑥무침, 쑥떡까지.
배추김치 말고 고들빼기김치도 냠냠.
영양 가득 봄나물 먹으며
우리 몸도 기운이 쑥쑥!

제비

다람쥐

청솔모

봄(삼월)은
얼음이 풀리는 달,
개구리의 달,
연못에 물이 고이는 달,
제비가 돌아오는 달.

쑥

미나리

고양이

봄비에 땅이 푹신푹신하다.
꼭 우리 살 같다.
땅속 동물들도 깨서 얼굴 내밀겠다.

금개구리

참개구리

누룩뱀

지렁이

두더지

## 4월

봄
*

오늘은 상추씨, 내일은 무씨,
모레는 쑥갓씨.
날마다 씨를 뿌리는 날.
깜빡깜빡 잊을까 봐,
씨앗을 머리맡에 두고 자는 봄날.

치치칙, 달그락달그락,
고사리 삶는 소리에 부엌이 우당당탕.
뜨거운 고사리를 찬물에 헹구고,
간장을 착착 뿌리고,
참기름은 듬뿍 넣고.
고소한 참기름 냄새에 침이 꼴깍.
냠냠! 쩝쩝! 물컹물컹한 고사리가 고소하다.

두릅

고사리

가지

오리

### 4월 계절 밥상

영양 가득 굴전과 굴밥,
쫀득쫀득한 꼬막이며,
야들야들 갈치와 고등어구이,
꽃게탕, 주꾸미볶음, 살찐 조개, 톳까지.
바닷속 음식들이 모두 밥상에 올랐네.

# 5월

봄 *

풀이 엄청 자랐다.
엊그제 뽑았는데, 며칠 새 쭉쭉 자랐다.
할머니, 엄마, 아빠는 호미로 쓱쓱 뽑고,
우리는 손으로 뽑았다.
손으로 잡아당겼는데 풀이 뚝 끊어져 버렸다.
뿌리까지 뽑아야 하는데.

텃밭에서 키우기 시작한 상추
물 한 번 주고 들여다보고
뛰어놀다 들여다보고
며칠 지나 다시 들여다봤더니
아기 손바닥만 한 상춧잎이
내 얼굴만큼 커졌다.
상춧잎이 마술을 부린다.

## 5월 계절 밥상

쌈 채소가 가득, 적상추,
청상추, 청치마상추, 이름들도 많아.
깻잎, 쑥갓, 찐 호박잎, 고추까지
초록이들은 모두 모여라.
우리가 맛있게 먹어 줄게.

# 6월 여름 *

감자 줄기를 잡고 힘껏 당기자
땅속에서 감자가 줄 이어 나왔다.
"여기! 여기도!"
우리는 신이 나 소리쳤다.
여기저기서 동글동글한
감자가 쏟아졌다.
꼭 보물찾기 하는 것 같다.

## 6월 계절 밥상

방울방울 토마토, 오이, 양파로
샐러드를 만들고, 싱싱한 부추로는
부추전과 비빔밥을 만들고
동글동글 감자는 쪄서 먹기도 하고,
믹서기에 갈아서 감자전을 만들기도 하고,
감자 튀김, 버터구이까지.
동글동글 감자 요리가 가득한 밥상.

# 7

여름 * 월

그제도 비, 어제도 비,
오늘도 비, 내일은 어떨까?
비가 너무 많이 온다.
장마가 시작되었다.
토마토가 떨어지고,
채소들이 쓰러지고,
상추는 모두 녹아 버렸다.
얼음도 아닌데 녹아 없어지다니.
밭이 엉망이 되었다.

## 7월 계절 밥상

시원한 오징어 물회,
간장에 조린 매콤한 갈치조림,
영양 만점 장어구이,
담백한 삼치구이까지.
여름철 바닷속 음식들이
모두 밥상에 올랐네.

여름(칠월)은
열매가 빛을 저장하는 달,
사슴이 뿔을 가는 달,
풀을 베는 달,
옥수수 모양이 뚜렷해지는 달.

뜨거운 태양과 잦은 비에
옥수수가 볼록해지고,
고추가 빨갛게 익어 가고
주먹만 한 호박이 점점 커진다.
땅속 열매들도 점점 커 간다.

전갱이

삼치

오징어

성게

장어

민어

농어

게

# 8

여름
*
월

여기저기서 매미가
요란하게 울어 댄다.
상추, 고추, 호박, 깻잎이
힘없이 축 늘어졌다.
"물 주면 다시 생생해질 거야."
아빠 말에 우리는 열심히
물을 날라 듬뿍 주었다.
금방 생생하게 살아나겠지?

메꽃

커다란 솥에 옥수수를 가득 쪘다.
구수한 옥수수 냄새가 솔솔.
뜨거워도 말랑말랑 쫀득쫀득하다.
입으로 먹다가 손으로 뜯어먹다가
먹고 싶은 대로 먹었다.
밥을 먹기도 전에 배가 불렀다.

## 8월 계절 밥상

여름 과일 모두 모여라!
수박은 그냥 먹어도 맛있고,
화채로 먹으면 더 맛있고.
예쁜 복숭아는 맛도 좋고, 피부에도 좋고,
포도는 하나씩 먹어도 맛있고,
한꺼번에 많이 먹어도 맛있고,
씨 뱉기 놀이는 더 재미있고.
더운 여름에는 싱싱한 과일로
지친 몸을 건강하게!

노란허리잠자리

고추잠자리

검은물잠자리

나비잠자리

봉숭아 꽃이랑 잎을 따고,
백반을 조금 넣어,
절구통에서 콩콩 빻아.
동그랗게 말아 손가락에 올리고,
꼭꼭 동여매어,
하룻밤 자고 나면,
예쁜 봉숭아 물이
손톱에 짜잔!

인동

말매미

애매미

털매미

봉숭아(봉선화)

수레국화

해바라기

쓰름매미

참매미

무궁화

패랭이

여름(팔월)은
열매가 익어 가는 달,
새끼 오리가 날기 시작하는 달,
기러기가 깃털을 바꾸는 달,
봉숭아 꽃물을 들이는 달.

날개잠자리

가는실잠자리

가을

# 9 <sub>가을</sub>

**9** <sub>가을</sub> <sub>*</sub> 월

느티나무에 잘 익은 주홍 감이
속이 하얀 갈색 햇밤이
노란 바나나가 빨간 사과가 들어 있다.
가을 느티나무는 커다란 과일 가게 주인.

### 9월 계절 밥상

송이버섯으로 버섯볶음,
고소한 버섯 스프도 만들고,
아삭한 배추에 된장 풀어 배춧국,
배추 부침개도 만들고,
야들야들한 고구마 순이며,
잘 익은 과일이 가득한 밥상.

팽이버섯

송이버섯

느타리버섯

새송이버섯

향과 맛이 저마다 독특한
2만 종이 넘는 버섯.
하지만 먹을 수 있는 건
1,800여 종.
빛깔이 고운 것,
끈끈이를 내는 것들은
먹을 수 없는
독버섯이니 조심!

사과

시장 앞 좌판에
사과, 배, 감, 밤,
대추가 바구니 가득하네.
먹지 않아도 침이 스르르!
발걸음도 휠휠.
단내가 퍼지는 가을 밤길.

밤

감

대추

배

가을(구월)은
풀이 마르는 달,
즐겁게 춤추는 달,
어린 밤을 따는 달.

# 10 <sub>가을</sub> 월

고추잠자리

귀뚜라미 귀뚤귀뚤 울어 대며
제짝을 찾고,
반달가슴곰, 오소리, 다람쥐
추운 겨울 이겨 내려고,
바쁘게 먹이를 찾네.
풀이며 나무줄기며 먹으며
몸을 커다랗게 만든다.

## 10월 계절 밥상

시금치보다 단백질이 가득한 아욱국,
동글동글한 토란탕,
뼈를 건강하게 만들고,
몸에 기운을 높여 주는
추어탕과 장어구이까지.
밤이 길어지는 10월엔 건강한 밥상.

귀뚜라미

베짱이

귀뚜라미

코스모스

숲 억새가,
노란 꽃, 빨간 꽃,
갈색 꽃이 곱게 들었다.
활활 타오르는
단풍 때문에,
억새기자서 불놓이가
펼쳐진 것만 같다.

곤드레

불에 구운 군고구마,
손에 담아 뜨거운 열기로 익힌 찐 고구마,
기름에 튀긴 고구마 튀김, 고구마 맛탕,
말려 먹는 고구마 말랭이까지.
맛도 영양도 좋은 고구마,
겨우내 우리들 입을 즐겁게 하네.

쑥부쟁이

사마귀

대모잠자리

된장잠자리

가을(시월)은
바람의 달,
제비가 남쪽으로
날아가는 달,
곱게 단풍이 드는 달.

미국쑥부쟁이

억새

# 11월

가을 *

맑은 아침
먼 길을 날아온 기러기들이
빈 논에 옹기종기 모여 이야기하네.
긴 여행길 비행은 힘들지 않았는지,
누가 아프진 않았는지.
이야기를 주고받느라 옹기종기 모여
떨어질 줄 모른다.

## 11월 계절 밥상

지금지금 굽는 소리마저
맛있는 전어구이,
보들보들 시원하고 맛있는
꽃게탕과 홍합탕,
낙지, 옥돔, 청어, 연어까지.
가을철 바닷속 음식들이
모두 밥상에 올랐네.

가을(십일월)은
강물이 어는 달,
기러기가 날아오는 달,
작은 곰의 달.

동글동글 늙은 노란 호박으로
호박죽 만들어 먹고,
속이 꽉 찬 배추와 통통한 무는
김장 김치 담가 먹고,
긴긴 겨울밤 걱정 없다.

연어

대하

낙지

전어

청어

꼼치

홍합

옥돔

꽃게

겨울

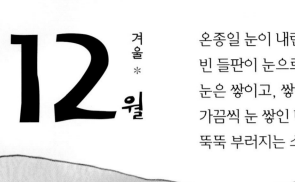

# 12
겨울 * 월

온종일 눈이 내린다.
빈 들판이 눈으로 가득 찼다.
눈은 쌓이고, 쌓여, 세상을 온통 고요하게 만든다.
가끔씩 눈 쌓인 나뭇가지가
뚝뚝 부러지는 소리만 들릴 뿐.

비둘기

긴 겨울에는 배추김치, 백김치,
동치미, 무김치를 먹고,
봄이 되면 갓김치, 미나리김치,
얼갈이김치를 먹고,
여름에는 열무김치, 오이김치,
부추김치를 먹고,
가을에는 총각김치, 가지김치,
굴깍두기를 먹어요!

다진 마늘   다진 생강   무즙   갓   고춧가루

무채   멸치 액젓   간 양파   배즙   쪽파   새우젓

멧돼지

토끼

겨울(십이월)은
늑대가 달리는 달,
온종일 얼어붙는 추운 달,
나뭇가지가
뚝뚝 부러지는 달.

무당벌레

썩덩나무노린재

개구리

곰

다람쥐

두더지

지렁이

뱀

## 12월 계절 밥상
뜨끈뜨끈한 호박죽 한 사발,
매콤한 김장 김치와 돼지고기로
만든 보쌈 한 그릇,
영양 가득 초록 매생이국으로
추운 겨울을 따뜻하게!